U0141343

用漫畫輕鬆了解氣候變遷與環境汙染，找出全球共生的解方

世界環境大發現

目錄

這麼開心啊？

當然啊！這是我們第一次出國玩，而且還是去爸爸、媽媽蜜月旅行的地方！

沒錯！從一個月前就一直期待今天的到來！

我要吃很多好吃的美食～

然後在海邊游泳游個過癮！

媽媽快點走啦！

快點！

你們真是……走慢一點！

咻～

5

所謂的環境，指的是人類居住的地方。從廣義上來說，不只是人類，是影響包含動物、植物在內所有生物的自然和社會條件。除了山川、河流、花朵和海洋之外，我們生活的空間，甚至是交通工具，所有一切都屬於「環境」的一環。

環境就像是一個巨大的生命體，如同人類出生後，會經歷成長和衰老的過程，環境在地球誕生後，也一樣經歷了各種變化。46億年前的地球，並不是適合生物居住的地方。因為當時地表上充斥著炙熱滾燙的岩漿，再加上隕石和彗星不斷殞落，空氣中瀰漫著濃濃的甲烷和氮氣，而不是生物生存所需的氧氣。

然而，隨著地球慢慢地轉動，環境也開始逐漸出現變化。火山噴發後，形成了蔚藍的海洋；
板塊移動後，地形也跟著改變；原始植物的光合作用，產生大量的氧氣。
在這樣的化學環境下，地球出現了最早的有機生命體。這些微小的原始細胞，
讓無數的動物、植物和人類因此誕生。經過數十億年的漫長歲月，
地球才演變成像現在這樣適合生物居住的環境。

環境大致上可分為自然環境和人造環境。自然環境除了像是山川或海洋這類的地形之外，也包括天空、空氣這些不是由人類介入而自然形成的環境要素。風、雲、雨水和雪這類的自然現象，也都屬於自然環境。在這樣的自然環境中，生物間的關係就像一張網子一樣，將彼此串聯在一起。像這樣彼此相互影響且共存的生物和其周遭環境，稱之為「生態系」。

生態系中居住著各式各樣的生物，根據取得養分的方式，大致上可分成3大類。
可自行製造所需養分的植物稱為「生產者」，食用植物的草食性動物稱為「一級消費者」，
以草食性動物為食的動物稱為「二級消費者」，而二級消費者又會被更凶猛的肉食性動物吃掉，
則稱之為「三級消費者」。

細菌、香菇和黴菌這類的微生物則稱為「分解者」。
當生物死亡後，身體會被分解者分解掉，最後再變成植物的肥料。

三級消費者

生產者

人類是
最高級消費者！

二級消費者

一級消費者

分解者

微生物在生態系中也是
不可或缺的存在！

生態系在這樣一連串吃與被吃的「食物鏈」中達到平衡，其中的生物種類和數量才不會出現急遽變化，自然環境也才能維持穩定的狀態。

自然環境與我們的生活可以說是密不可分，人類無論是食、衣、住等生活所需，都是從自然環境中取得的。餐桌上的食物來自於大地或是海洋，我們身上穿的衣服大部分也都是來自於植物和動物。

就像今天一樣……

好不容易出國旅行……

唉…

這樣解釋夠清楚了吧？

傻眼

哪裡清楚啊！

妳明明剛剛說環境分成2種，但妳只介紹了1種啊～

哎呀呀～瞧我這記性！

剛才已經介紹過不需要由人類介入就能形成的自然環境對吧？

嗯！

點頭

人造環境剛好和自然環境概念相反。

指的是由人類創造出來的環境。

對峙一

像是建築物、道路和工廠等有形產物，

或是文化、藝術、交通規則等無形產物，

在人造環境當中，也有看起來像是自然環境的東西，像是農田或果園，
還有為了美化景觀建造而成的湖水或公園，也都屬於人造環境。

13

人類在300萬年前首次出現在地球上後，基於各種需求，開始改變自然環境。
史前時代為了耕作，人們開闢土地作為農田使用，地球正是從那時起遭受汙染與破壞。
隨著城市、經濟與科技發展，人們創造出更多的人造環境。

環境具備3種特性。

第一，自然環境一旦遭受汙染，就很難再復原。生態系固然具備維持平衡和調節的能力，
但如果破壞得太嚴重，就會打破平衡，再也無法恢復原本的狀態。
生態系一旦遭到破壞，就必須花很長的時間和努力才能復原。

就像1999年為了蓋工業園區，
韓國蔚山太和江因此被汙染，
足足花了20多年的時間與努力，
才開始慢慢恢復。

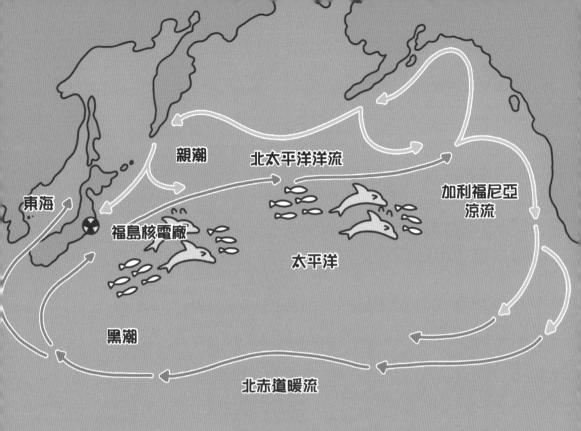

第二，環境影響的範圍很廣。以2011年日本311大地震為例，
當時引發了巨大了的海嘯淹沒日本，導致位於福島的核能發電廠爆炸，
大量的核輻射流散在空氣和海洋之中。

受到核汙染的海水，隨著暖流往太平洋的方向擴散，除了鄰近國家像是韓國和中國之外，
就連遠在天邊的美國也遭殃。汙水再流經赤道通過菲律賓海域，對許多海洋生物造成危害。
而散播在空氣中的輻射也是一樣。

放射性物質可以隨風飄散至其他地方，或上升至大氣中形成輻射雨。
由此可見，環境議題不只侷限於某個地區或國家，而是全球性的問題。

第三，各種環境之間的關係密不可分，彼此互相影響。
就以位於印尼的婆羅洲島為例吧！

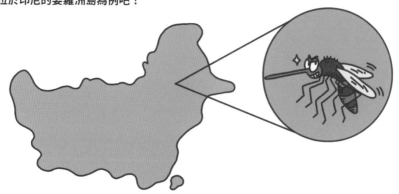

1950 年代，這個地方曾經爆發瘧疾大流行。人們為了消滅傳播瘧疾的蚊子，
到處噴灑大量殺蟲劑。結果，蚊子雖然消失了，但殺蟲劑的成分也被蟑螂吸收進身體裡，
造成以蟑螂為食的蜥蜴運動神經受損。受到殺蟲劑成分影響，行動變得緩慢的蜥蜴，
也間接導致以蜥蜴為食的貓咪接二連三陸續死亡。

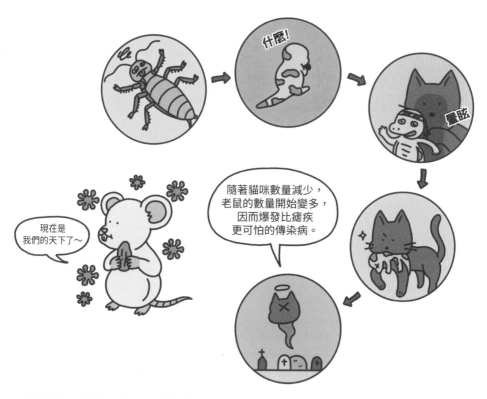

就像蝴蝶輕拍翅膀會引起颱風的蝴蝶效應一樣，為了消滅蚊子使用的殺蟲劑，
對蟑螂、蜥蜴、貓咪，甚至是老鼠和人類，都產生了巨大的影響。
最後是透過降落傘空投貓咪的方式，才得以撲滅鼠疫，防止傳染病蔓延。

哇～大自然真的很神奇耶！小小的舉動，居然會造成這麼大的影響！

等等，這樣的話……

我現在立刻去把牠抓起來！

抓起來？ 你要抓什麼？

什麼？！ 我的天……

噗咚～

妳不是說我們旅行泡湯是因為受到蝴蝶效應影響嗎？所以我要把蝴蝶統統抓起來！

你給我回來！蝴蝶效應指的不是真的蝴蝶啦！

看我的！爸爸、媽媽，還有姐姐你們先回家吧！我抓完蝴蝶後就回去～

食物鏈最早是在北極發現的？

查爾斯・艾爾頓

所謂食物鏈，指的就是地球上的生物彼此之間「吃」與「被吃」的關係，如同鎖鏈般環環相扣。由許多條食物鏈交錯而成的網狀結構，則稱為食物網。那麼，最早發現食物鏈和食物網的人究竟是誰呢？

> 我們可能會因為不了解動物世界的生存法則而感到挫折，
> 但如果仔細研究結構簡單的群體，
> 就會發現其實沒有表面上看起來那麼複雜，
> 進而找到組成生態系的法則。

正是當時就讀於英國牛津大學的學生，年僅21歲的查爾斯・艾爾頓。他從小就熱衷於研究野生動物，因為想親眼看到北極野生動物的生活樣貌，甚至追隨知名生物學家朱利安・赫胥黎遠赴極地探險。遠征隊在經過充分準備後，搭乘破冰船前往位於北極海和挪威之間的斯瓦巴群島，展開驚心動魄的冒險之旅。

儘管查爾斯嚴重暈船、軍靴破舊，又碰上糧食不足的問題，他仍不遺餘力地參與探險。因為這份熱忱，即使氣候惡劣、停留時間短暫，他也能迅速掌握所有居住在島上的動植物。在2個月內，拚命研究島上生物的生存條件，回到牛津大學後，認真整理蒐集到的資料。

除了查爾斯之外，其他探險隊成員都徒勞而返，因為居住在極地的生物原本就不多，所以蒐集到的資料少之又少。然而，查爾斯卻在單純的生態環境當中，發現了一個令人驚訝的事實！那就是動物之間存在著吃與被吃的關係。查爾斯開始一個一個研究各種生物的食物，過沒多久便發現海鷗會被北極狐吃掉，北極狐又會被海獅吃掉，海獅再被北極熊吃掉。

查爾斯把這樣的關係命名為食物鏈，因為「食物」是驅使動物活動的動力。在動物社會中，食物是最重要的關鍵，生態系的階層也是根據吃與被吃的關係決定。科學家們受到查爾斯研究的啟發後，開始正式研究生態系，才發現了動物之間的依存關係。

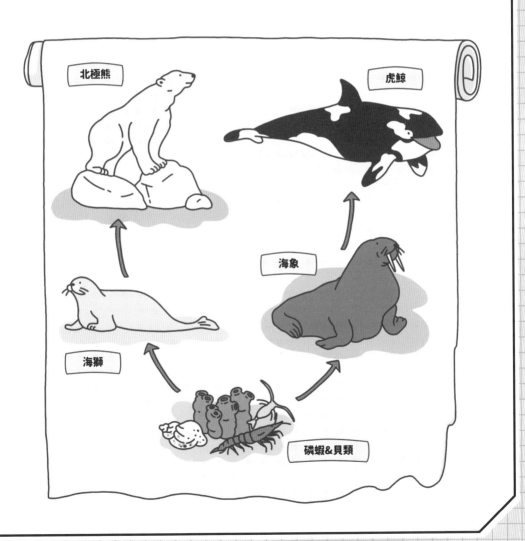

22

23

水、空氣、土壤等自然環境資源即使受到汙染，也具有自行淨化的能力。
這種能力我們稱之為「自淨作用」。然而，當自淨作用喪失功能時，
自然環境就會逐漸遭受破壞，這種現象稱為「環境汙染」。
那麼，為什麼會產生環境汙染呢？罪魁禍首就是人類。人們在生活中製造出來的垃圾、廢水，
汽車和工廠排放的煤煙、燃油、農藥，甚至是肥料，都是造成環境汙染的主要原因。

大約400萬年前，人類最早出現在地球時，當時人口數並沒有現在這麼多。
因糧食不足餓死，或部落之間為戰而死的人不在少數，甚至還可能被野獸吃掉。
在生活環境惡劣的情況下，很長一段時間人口數幾乎沒有增加。然而，西元前11000年左右，
人們開始農耕後，地球人口數才終於首次增加。隨著農業發展，糧食增加後，
人口數也跟著迅速增長，一下子就達到500萬人。在那之後，因為國家的形成，
以及哥倫布發現新大陸後，人口數瞬間增加至10億人。

25

那時候大自然仍維持原始樣貌，沒有任何汙染。然而，隨著科技日新月異發展，
自然環境也開始遭受破壞，尤其是在工業革命之後，情況更為嚴重。

當時發生了一件
讓人類與大自然的關係
徹底天翻地覆的事，那就是
1760 年代興起的
工業革命。

1760 年代，英國國內外相當盛行棉質衣物，
於是，人們運用詹姆斯・瓦特改良的蒸汽機，開始大量生產棉織品。

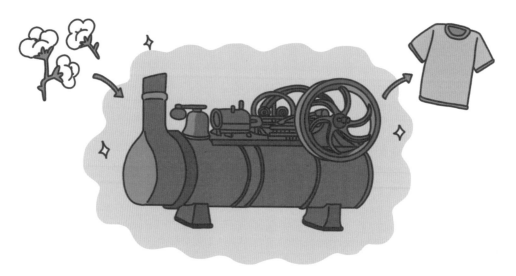

英國工業革命興起後，迅速擴散到歐洲各國，歐洲各地開始興建工廠。
為了讓工廠內的機器運轉，人們每天大量使用煤炭，同時也發明更多機器，
藉此提高生產速度與產量。

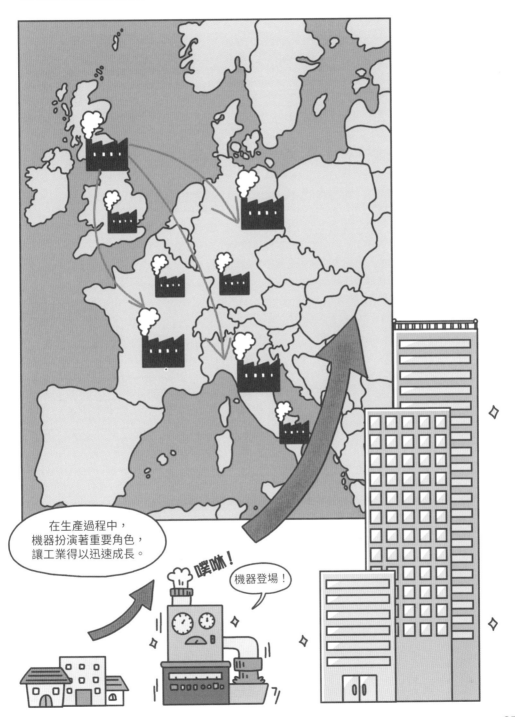

在生產過程中，
機器扮演著重要角色，
讓工業得以迅速成長。

嘈啾！

機器登場！

工業革命不僅有助於工業發展，對於農業、醫學等各領域發展也都有所助益。
隨著農業技術發達和導入機械設備，除了增加了農作物產量，
醫學發達也讓人類的平均壽命跟著增加。

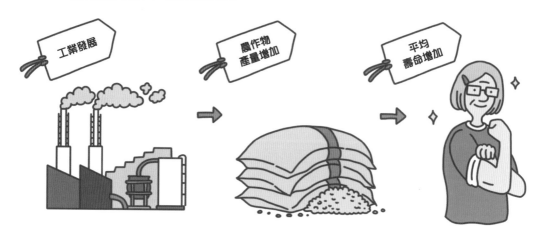

隨著公共衛生觀念的改變，人們開始意識到飲用乾淨水源的重要性，
因此透過水傳播的霍亂和傷寒等疾病的罹患率也跟著降低。再加上，
戰爭次數減少、克服氣候條件限制的方法增加，愈來愈多地方適合人類居住。

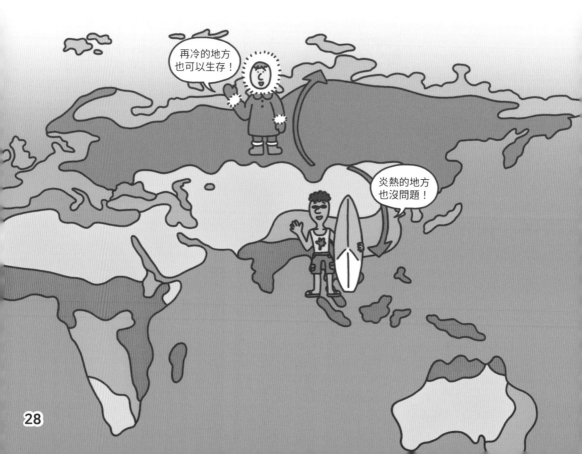

隨著糧食增加，人類壽命延長，現在地球的人口數達到了將近80億。

80億人口

未免太多了吧?!

哀號～

哇！
真的好多喔！

快問快答
Quiz!

是吧？
那為什麼人口數增加
會對地球有害呢？

嗯……因為
地球會變得很重，
然後掉下去嗎？

叮鈴一

錯！真正的原因
其實是～

X

29

隨著人口增加，
為了養活更多人，
必須開墾更多的農地、
蓋更多的房子。

為了解決糧食不足和居住問題，
動物的棲息地也開始逐漸減少。

把這些沒用的
樹木全部砍掉！

如此一來，不僅是森林，整個生態系
也遭受破壞。

我的家……

人類為了擁有更好的
生活環境，就占用動物的
棲息地嗎？

沒錯，到山上把橡實
全部撿走，
害松鼠無法過冬，

我的橡實……

把樹木砍光後，
害鳥兒無家可歸，

為了取得皮革或犄角而獵殺動物，導致野生動物瀕臨
絕種，這些全都是人類的自私所造成的可怕結果。

30

工業設備不斷增加也是個問題，因為要製造供應80億人口使用的產品，需要大量的工廠。
隨著工業設備增加，環境汙染也愈來愈嚴重。

除了工廠廢水直接流入河川、湖泊，造成飲用水短缺之外，
飲用汙染水源的人類和魚兒也開始生病。

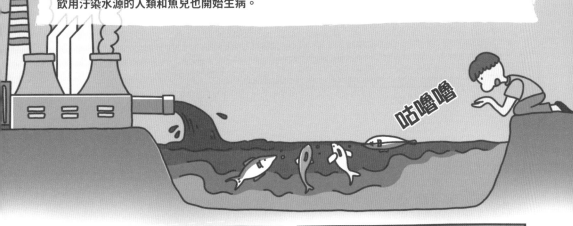

受到塑膠和各種化學物質影響，
土壤汙染也變得更加嚴重，

還有四處林立的工廠和毫無規劃的
新興都市所產生的噪音汙染，

再加上汽車量持續增加，
原本乾淨的天空也變得汙濁。

在迅速大量製造物品的同時，東西賣出後很快就被丟棄，垃圾量也增加到無法負荷的程度。經過45億年的漫長歲月才造就出地球美麗的樣貌，卻被人類用了僅僅200年的時間就摧毀破壞。人們以為自己是地球的主人，就任意對待大自然，才會因此亂丟垃圾、排放汙水到河川。結果，大自然失去了原本的自淨能力，開始造成環境汙染。

然而，恣意破壞大自然所需付出的代價，又回到了人類身上。

自然環境一旦遭受汙染導致地球生病時，生活在地球上的人類，也失去了居住的地方。

因此，人類可以說是生活在地球上的生物中造成環境問題的罪魁禍首，同時也是受害者。

人類、動物和大自然難道無法和平共處嗎？

如果可以那當然最好，但是……

唉～

孩子們，吃飯啦～

要養活地球上 80 億人口和所有動植物，

空蕩蕩

糧食、水還有資源遠遠不夠。

啊……食物都吃完了……

FEED

資源嗎？什麼是資源？告訴我！我立刻去找資源來！

猛然

匆忙！

資源不是用買的就可以找到的～

上學時會用到的鉛筆、橡皮擦、筆記本和剪刀等文具用品，是用什麼製造的？
那就是資源。鉛筆是用木頭和石墨製成的，橡皮擦是橡膠做的，
剪刀則是用鐵做出來的。

因此一旦資源短缺，就無法生產出大家生活所需的物品。

所謂的大家，是指全世界的人嗎？

沒錯！唉……人口如果一直增加就糟了……

唉..

可是～這裡卻說人口增加是好事耶！

滑手機

你看！新聞每天也都在報導，新生兒出生率應該要增加才對！

NEWS

人口嚴重短缺！

出生率↓

沒錯！

要維持社會運作，必須要有更多像你們一樣年輕的孩子。

社會

吃力

吃力

但對地球和大自然來說，就不見得是好事……

咻

為什麼?!
可以告訴我們嗎？

以廣義而言，資源可以包括人類的技術力、勞動力和文化，這些都屬於資源的一環，
但通常指的是天然資源。天然資源除了石油、煤炭和鐵這些埋在地底下的地下資源之外，
也包含米、麥、肉等糧食資源和水資源。那麼，這當中使用最多的資源是什麼呢？

正是石油！可以毫不誇張地說，我們吃的食物是石油做的，穿的衣服也是石油做的，
就連搭乘交通工具也是燃燒石油作為燃料使用。我們生活中充斥著各種石油製作成的產品，
像是玩具、電腦、道路、清潔劑和塑膠等。

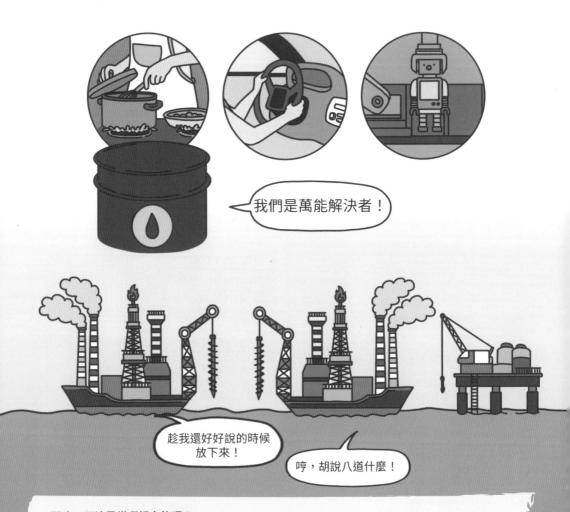

我們是萬能解決者！

趁我還好好說的時候
放下來！

哼，胡說八道什麼！

那麼，石油是從哪裡來的呢？

是從地底下挖掘出來的。動植物死亡被埋在地底下後，經過適當的深度壓力擠壓和加熱後逐漸
形成石油。石油在地底下生成的時間，至少需要幾百萬年以上，我們才能從裂縫中開採。然
而，隨著使用量不斷增加，世界各國為了搶奪石油資源，展開激烈的競爭。

石油、煤炭等化石燃料是現代社會中不可或缺的重要資源。但缺點是需要漫長的時間才能生成，一經使用後就無法再生。我們使用的化石燃料大部分都是有限的，無法永續使用。然而，在採集和使用化石燃料的過程中，會製造出大量的環境汙染。開採石油後產生的廢棄岩石的殘骸，不僅危害環境，也會汙染河川和地下水。尤其是燃燒化石燃料時所排放的二氧化碳，更是造成全球暖化的最大原因。

未來可使用年限（以2023年為基準）

石油：37年　　天然氣：47年　　煤炭：95年

地球上所有生物都離不開大自然，即使人造環境再怎麼發達，都無法離開自然環境生存，
因為包括人類在內，所有動物和植物都屬於大自然的一部分。
由於地球上所有生物都和環境息息相關，一旦環境遭受汙染就會受到影響。
如果我們居住的自然環境受到汙染，那會發生什麼事？

當燃燒石油或煤炭等化石燃料時，會產生廢氣。這些廢氣一旦排放至大氣中，
便會溶在水蒸氣中再凝結成水滴形成酸雨。當酸雨落入土壤和河川，
就會讓土壤和水資源受到汙染。當土壤和水資源受到汙染，最先會影響到的就是糧食生產。

當土壤逐漸酸化，作物就無法生長；當河水和湖水受到汙染，魚類就會死亡。
當人類和動物食用遭到汙染的食物，健康就會面臨風險。
這些有害物質在身體內慢慢累積，就會產生新的疾病。

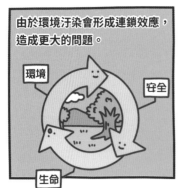

由於環境汙染會形成連鎖效應，造成更大的問題。

不光只是環境變髒，而是會影響生活安全，甚至危害生命。

也就是說，當環境受到汙染時，除了會危害我們的身體，也會威脅到我們的後代子孫和所有居住在地球上的動植物。

哎呀……所以要
保護環境才對！

沒錯～既然知道了環境汙染的原因，
現在就好好身體力行吧？

快把浴室清乾淨！

哎呀！我還以為
妳忘了！

快點！跟著我一起念，
保護環境，人人有責！

保護環境，人人有責，
保護環境，人人有責！
嗚嗚……

流動的資源

<資源的物理性移動>

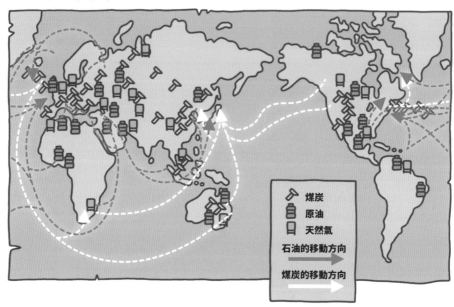

✂	煤炭
🛢	原油
🚌	天然氣
➡	石油的移動方向
➡	煤炭的移動方向

<資源的價值移動>

對我們來說，豬肉和牛肉雖然是很棒的糧食資源，但有時情況不一定是這樣。例如，信奉伊斯蘭教的阿拉伯人不吃豬肉，篤信印度教的人不吃牛肉，這些是因為宗教信仰。因此，在某些國家可能是價值連城的珍貴資源，但在某些國家卻又變得毫無用武之地。以牛糞為例，我們可能會認為牛糞味道很臭，看起來又很噁心，但居住在非洲乾燥草原地區的人，會蒐集牛糞作為蓋房子的建築材料。由於這個地方附近沒有樹木或石頭，牛糞是相當重要的建築資源。

首先，水質汙染指的是河川、湖泊和海洋等水域受到汙染物質影響，導致水中生物難以存活。水質汙染大致上可分為海洋汙染、河川汙染和地下水汙染。海洋汙染的主因之一，正是漏油事故所造成的。因為石油主要仰賴船隻運送，所以偶爾會發生意外漏油事件。由於油槽船載運了大量石油，一旦外洩就會引發難以想像的災難。

外洩的石油會形成一層薄膜，擴散到整個海域，阻擋海水與空氣接觸，導致海底氧氣不足。
這樣的情況不僅會影響生活在海裡的魚類，也會讓棲息在潮間帶的貝類和海藻遭受侵害。
此外，漂浮在海面上的石油，被沖上海岸黏附在岩石上或鑽入沙石中，
也會讓以潮間帶和海洋維生的漁民生計受到影響。
滲入沙中的油不僅難以清除，儘管過了好幾年也不會輕易消失。

海洋汙染的另一個原因是塑膠垃圾。
光是韓國1年流入海洋的垃圾，就足足高達17萬5000噸。
根據2004年發布的全球環境報告書，海洋垃圾每年導致100萬隻鳥類和
10萬隻海洋哺乳類及海龜死亡。

1年塑膠垃圾
流入量：17萬5000噸

比我們全部
加起來還重耶？

流入海洋的垃圾，不僅造成漁獲量和生物資源損失，甚至威脅到海洋安全和整個生態系，
經常發生像是海底生物被丟棄的漁網或塑膠袋纏住而窒息，或是誤食垃圾而死亡等情形。

有時候也會發生船隻引擎遭垃圾纏住的意外，流進海洋的塑膠垃圾受到紫外線、
海浪和暖流影響，分解成無法收集的塑膠微粒，導致問題更加嚴重。
因為當塑膠微粒沉降至海底後，會破壞棲息環境，影響海洋生物產卵。

要淨化被汙染的海洋，需要相當龐大的水量！
原本乾淨的海水和河水，一旦受到汙染就很難再重新利用。

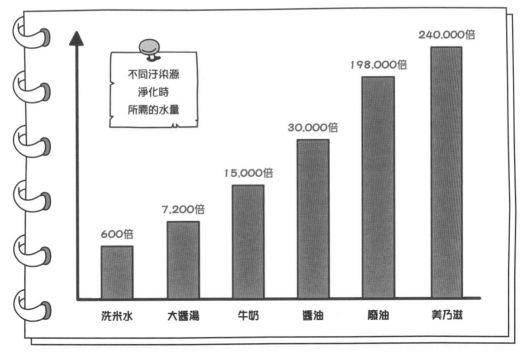

河川汙染源的元凶之一，正是工廠廢水。1991年發生的韓國洛東江苯酚汙染事件，就是最經典的例子。位於龜尾工業園區的某間電子公司排放了30噸的含酚廢水，造成許多居民因此受害。

大部分居民飲用自來水後，出現腹痛、嘔吐、腹瀉等症狀，甚至連洗澡都無法安心。
事件爆發後，人們對自來水的不信任感與日俱增，買礦泉水來喝的文化也是從那時候開始的。

數千頭牲畜的排泄物，也是造成河川汙染的原因之一。
畜牧廢水不僅散發出惡臭，也汙染了河水。再加上畜牧廢水含有大量有機物質，
導致以此為食的微生物也因此大量繁殖。

微生物雖然體積很小，卻是一種會消耗大量氧氣的生物。
也就是說，當微生物量過多時，會造成河水缺氧，最終導致魚類無法生存。

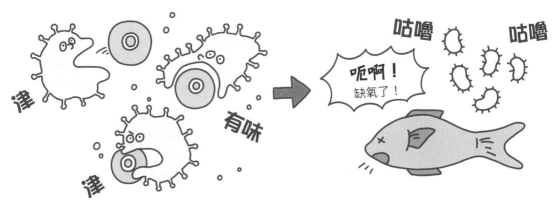

河水變紅的紅潮現象，也是因為靠吃有機物維生的浮游生物激增所產生的問題。
紅潮現象導致水中氧氣不足，河川和海洋生物也因此面臨嚴重危害。

洗衣服和洗碗時產生含有清潔劑的廢水，以及洗臉或洗澡時的肥皂水，
也是造成河川汙染的原因。像這樣在生活中產生的廢水，稱之為「生活汙水」，
占所有廢水總量的近60%，比重相當高。

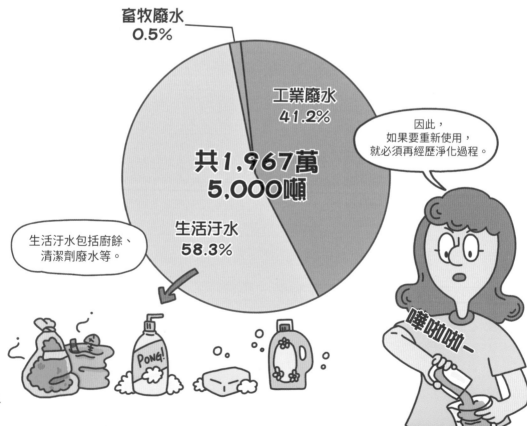

像這樣基於各種原因導致河川
遭受汙染，而因此生病或
死亡的人也開始逐漸增加。

因為受到汙染的水中
含有大量病毒和病原微生物。

一旦喝了被汙染的水，
細菌就會侵入我們的身體，
進而引起各種疾病。

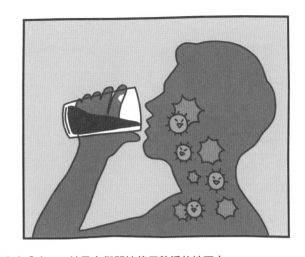

許多研究結果發現，傳染病的主因都來自「水」，於是人們開始使用乾淨的地下水，
取代必須經過淨化過程後才能喝的自來水。

然而，隨著時間推移，地下水遭受汙染
無法飲用的情況也開始增加。

為什麼？

因為使用完地下水後，
就放任地下水孔不管～

這樣位於深處的地下水
也一樣會被汙染。

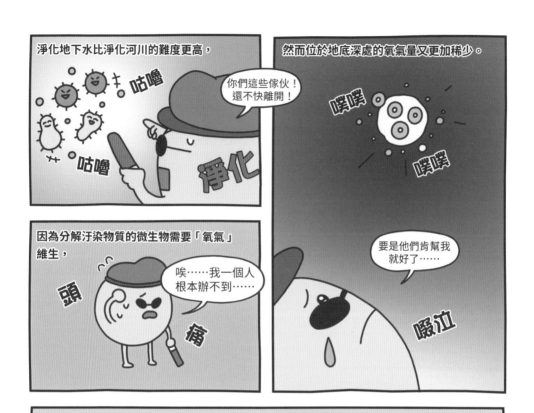

淨化地下水比淨化河川的難度更高，

咕嚕
咕嚕

你們這些傢伙！還不快離開！

淨化

然而位於地底深處的氧氣量又更加稀少。

噗噗

噗噗

因為分解汙染物質的微生物需要「氧氣」維生，

頭

痛

唉……我一個人根本辦不到……

要是他們肯幫我就好了……

啜泣

隨著水質汙染愈來愈嚴重，就連我們的飲用水也逐漸不夠用。

水怎麼可能不夠用……實在是很難想像，不是只要打開水龍頭就有乾淨的水會跑出來嗎？

嗯……那麼來看一下這張地圖吧！

嘩啦

缺水指數
十分充沛
充沛
正常
缺水
極度缺水
無資料

從這張地圖可以看出世界各地的缺水指數，如何？飽受缺水之苦的國家比想像中還多吧？

嗯！這樣看來全球缺水的問題相當嚴重耶！

全球無法飲用乾淨水源的人口高達22億！

每年有340萬人因缺乏乾淨的飲用水而死亡。

等於一個城市的人口消失了！

為了喝水走2、3個小時，或收集雨水來喝的人也很多。一旦喝了被汙染的水，不只容易罹患各種先天疾病和癌症，也可能導致畸型兒機率變高。

抓住！

救命啊！
水會殺死人！

所以為了不讓水被汙染，
必須小心再小心，對吧？

咦？發生什麼事了？

秀晶妳怎麼哭了？

嗚嗚嗚……

那個……

緊握！

啜泣

有人因為缺乏乾淨的
飲用水飽受痛苦，

我卻毫不知情，每天
都這麼浪費水！

好渴……

我這樣做
好像很過分！
嗚嗚嗚……

什麼啊?!
真是的……

嗒噠～

守護
水資源

我決定以後
要節約用水！

洗澡的日子

一週只洗一天澡！

馬桶累積好幾次再一起沖水！

土壤提供了我們居住的生活空間，是相當重要的空間。因為人們大部分的食衣住行，都離不開土地，對動植物來說也是如此。因此，一旦亂丟垃圾或過度使用農藥和肥料造成土壤汙染時，便會嚴重危害人類和動物。因為土壤的汙染物質無法被分解，會累積在地底，除了對地面上的生物造成傷害，就連地下水也會遭受汙染。

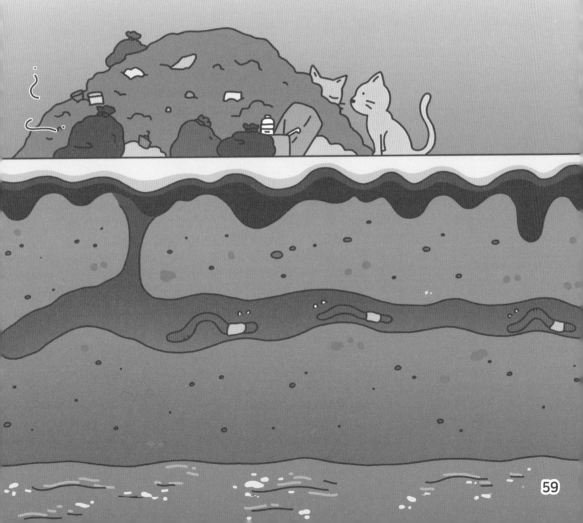

相較於空氣汙染或水汙染，土壤汙染的嚴重性比較不容易被察覺，而且影響也是間接的，
因此大多數人並沒有意識到這件事。然而，土壤一旦被汙染，比起淨化水源和空氣，
需要花更多的時間和金錢才能淨化，因此更需要特別注意。

當植物產量減少時，以此維生的草食性動物數量也會急遽減少，
而獵捕草食性動物的肉食性動物最終也會難以生存。

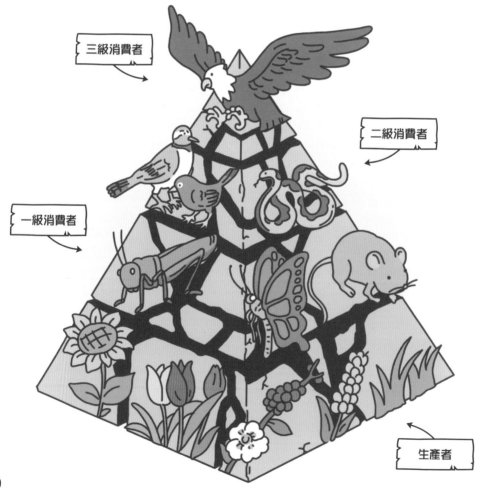

最近有一種植物因為土壤汙染
受到嚴重危害，

咦？是誰啊？

到底是誰？

正是「香蕉」！

是我……

土壤受到汙染後產生的突變真菌導致香蕉樹的樹根和樹幹開始枯萎。這樣的傳染病
透過土壤在香蕉樹間迅速蔓延開來，對以香蕉為糧食和主要收入來源的國家造成嚴重傷害。
然而，人們卻無力改變。為什麼？因為全世界栽種的香蕉基因都一樣，
為了以簡單廉價的方式大規模種植，取用特定的香蕉樹根，
複製成同樣大小形狀的香蕉。

菲律賓

約旦

厄瓜多

什麼！
我們是一家耶！

雖然因為這樣大家都可以吃到味道一樣的香蕉，卻無法保護香蕉免於傳染病什麼的威脅。
直到對突變真菌毫無抵抗力的香蕉樹接連生病後，科學家們才開始認真研究。

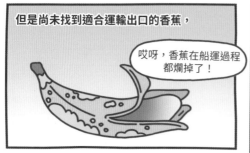

但是尚未找到適合運輸出口的香蕉，

哎呀，香蕉在船運過程都爛掉了！

也因為至今仍無法確認
食用基因改造的香蕉是否安全，

啊！是香蕉怪獸！

啊啊！

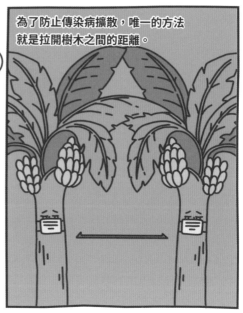

為了防止傳染病擴散，唯一的方法
就是拉開樹木之間的距離。

那麼，造成這種土壤汙染的原因究竟是什麼？可能是清潔劑、生活廢水、除草劑、酸雨和肥料等各種原因，但最大的原因是垃圾，因為包括廚餘，大部分的垃圾都是掩埋在土裡。雖然土壤和水一樣都可以透過自淨作用淨化汙染，但恢復時間很長，再加上汙染物質往往會殘留和累積，因此要還原到原本的狀態需要很長的一段時間。

要出發了嗎……

淨化完成！

那要花多久時間？
3小時？還是3天？

錯！最少需要2週，
最長據說要100萬年。

什麼?!

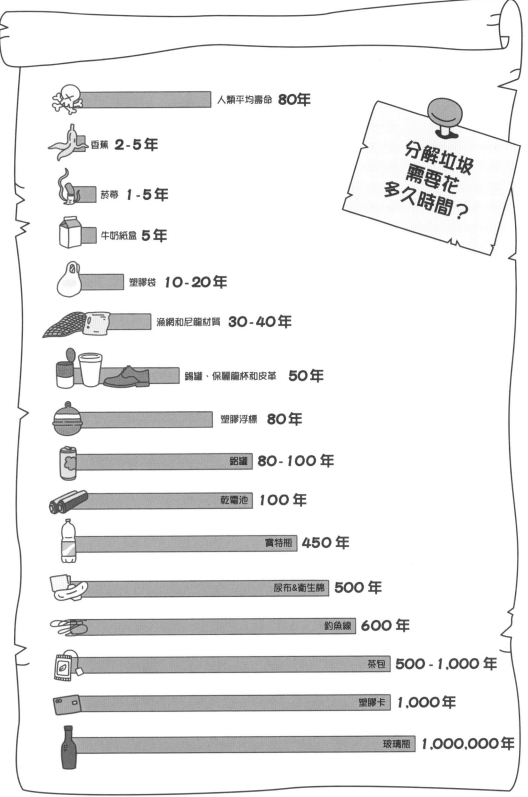

人類平均壽命 **80年**

香蕉 **2-5年**

菸蒂 **1-5年**

牛奶紙盒 **5年**

塑膠袋 **10-20年**

漁網和尼龍材質 **30-40年**

錫罐、保麗龍杯和皮革 **50年**

塑膠浮標 **80年**

鋁罐 **80-100年**

乾電池 **100年**

寶特瓶 **450年**

尿布&衛生棉 **500年**

釣魚線 **600年**

茶包 **500-1,000年**

塑膠卡 **1,000年**

玻璃瓶 **1,000,000年**

分解垃圾
需要花
多久時間？

分解垃圾需要很長的時間，但問題是垃圾累積的速度遠遠超過分解的速度。一個城市製造出來的垃圾量足足高達5萬噸，光是一個人平均一天產生的垃圾就有1.1公斤。現在面臨的困境是，再也找不到可以掩埋這麼多垃圾的地方。

空氣汙染是指空氣因煙霧、灰塵、氣體等而變髒的現象。
造成這類空氣汙染的原因包括火山灰、沙塵暴、森林火災以及動植物腐爛等自然原因，
但發電廠、汽車、家用暖氣及焚燒垃圾等人為因素也不在少數。

產生空氣汙染會造成什麼危害？首先，當空氣受到汙染時，可能會導致呼吸系統出問題或生病。
尤其是粉筆末、煤粉和火山粉等粉末，一旦吸進肺部就會卡住造成阻塞。
此外，空氣汙染也會增加酸雨發生的頻率，不僅會影響我們食用的農作物，
對土壤和水質也會造成嚴重的傷害。

每年逐年增加的懸浮微粒，也是造成空氣汙染的原因之一。由於奈米微粒體積極小，
呼吸道無法過濾，會直接侵入到肺部深處，可能會進而引起各種呼吸道疾病，
還可能對腦部、皮膚甚至是心臟產生負面影響，需要特別留心注意。

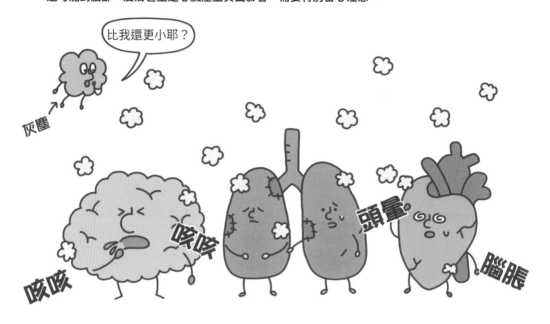

全球暖化是最嚴重的環境問題之一，其原因也是空氣汙染造成的。
之前提過焚燒石油這類的化石燃料，會產生二氧化碳對吧？當這些溫室氣體上升到天空，
包圍住地球後，大氣中的熱能就無法釋放至外太空，導致平均氣溫升高，地球變得愈來愈熱。

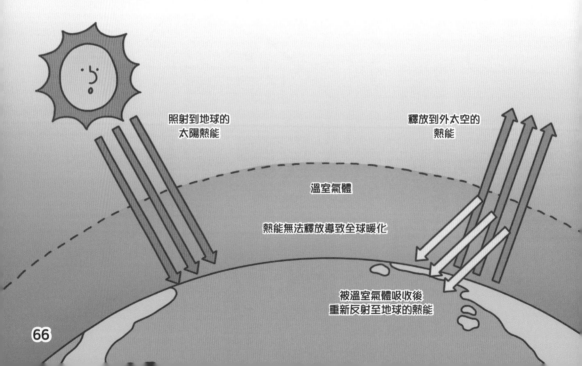

全球暖化造成世界各地出現嚴重的問題。

例如，隨著極地冰河融化，北極熊和企鵝這些動物們的棲息地逐漸消失。

或是，受到氣流變化影響，經常發生沙漠地區下雨或炎熱地區下雪的情況。

由於海平面上升，馬爾地夫等島嶼國家和沿海低窪地區可能面臨被海水淹沒的危機。

現在連企鵝蛋都偷不到了～

隨著氣候變遷，颱風、海嘯和乾旱等自然災害發生的頻率愈來愈頻繁。像是挾帶豪雨和暴風的熱帶風暴，也是全球暖化所造成的。匯集在赤道地區的空氣膨脹後壓力降低所產生的熱帶風暴，碰到溫度高的海水後威力會變得更強大。若是原本減弱消失的風暴碰上高溫的海水，也可能因此再次獲得力量起死回生，這樣的現象被稱為「殭屍風暴」。

69

認識化學物質！

在我們周遭的各種化學物質，會透過各種路徑進入到我們的身體裡。像是吃進添加食品色素或防腐劑等化學物質的食物，或是呼吸時吸進烹煮所產生的二氧化碳。進入到體內的化學物質，大部分會在72小時內排出體外，但根據特性不同，有些化學物質會待在體內超過50年，對體內各種內分泌系統造成影響。

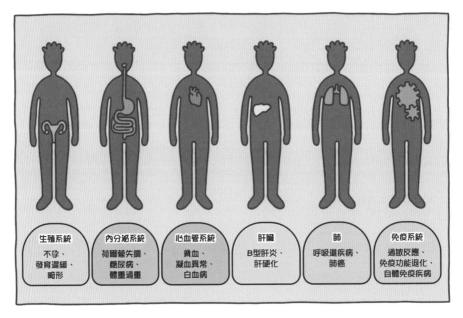

生殖系統	內分泌系統	心血管系統	肝臟	肺	免疫系統
不孕、發育遲緩、畸形	荷爾蒙失調、糖尿病、體重過重	貧血、凝血異常、白血病	B型肝炎、肝硬化	呼吸道疾病、肺癌	過敏反應、免疫功能退化、自體免疫疾病

想知道避免有害化學物質的5種方法嗎？

1. 避免攝取加工食品。
2. 多食用有機食品。
3. 使用環境友善塑膠、玻璃、不鏽鋼和陶瓷製成的餐具。
4. 家中避免使用含有清潔劑和水以外的溶劑產品。
5. 購買化妝品和衣服時，仔細確認化學成分。

生活經常使用的物品中，也有很多東西添加了化學物質。了解哪些日常生活用品含有有害物質，就可以避免挑選或減少使用了，對吧？讓我們一起認識幾種最具代表性的化學物質和危險性，並了解使用方法吧！

漂白劑

漂白劑內含次氯酸鈉，次氯酸鈉是一種有助於漂白衣物的化學成分，但如果直接接觸到肌膚，可能會導致灼傷。此外，過量吸入次氯酸鈉氣體時，會刺激呼吸道黏膜，嚴重時可能會引起肺水腫等疾病。因此，盡量避免使用含氯漂白劑，或以少量水稀釋後再使用。

牙膏

牙膏通常含有去除牙垢和具有抗菌功效的三氯沙成分。但過量使用三氯沙，同樣也會對人體造成危害。若連續14天接觸自身體重每公斤300毫克的三氯沙時，可能會導致肌肉無力、動作遲緩和頻尿症狀出現。使用含有此種成分的牙膏時，務必刷牙後要用清水徹底漱口。

洗髮精

洗髮精含有一種讓水和油可以充分混合的界面活性劑——二乙醇胺。二乙醇胺透過皮膚進入體內，可能會抑制細胞生長或導致與記憶相關的大腦區域的細胞壞死。使用含有二乙醇胺的洗髮精，並不表示一定會產生負面影響，但最好還是盡量避免，對吧？

化妝品

化妝品中含有各種對羥基苯甲酸酯物質。對羥基苯甲酸酯是一種防腐劑，可以防止化妝品變質。然而，這種物質一旦進入體內，會囤積在內臟或肌肉中，很難被排出體外。因此，最好盡量避免使用含有對羥基苯甲酸酯成分的化妝品，並立即丟棄過了保存期限的化妝品。

濕紙巾

強調保濕的濕紙巾，通常含有具保濕和潤滑功效的聚乙二醇。當受傷的肌膚接觸到這種濕紙巾，聚乙二醇會被吸收進體內，引起皮膚炎或蕁麻疹。因此，若身體有傷口時，盡量使用手帕取代濕紙巾，或挑選不含聚乙二醇成分的濕紙巾。

好可怕……果然還是待在家裡最安全……

發抖

哪裡可怕了！愈是這種時候，愈要正面迎戰！

啪！

喂！你在幹嘛！還不趕快把窗戶關起來?!

颱風，來決鬥！都是你害我不能出去玩！

啊啊！

咻咻咻咻一

咦……怎麼會有水的聲音……

咻咻咻咻一

天啊！客廳怎麼會淹水了?!

淹水～

砰！

你們兩個！下雨怎麼可以把窗戶打開！

那是弟弟打開的，他說他要跟大自然決鬥！

因為颱風害我都不能出去玩，才想跟颱風一較高下……

人類怎麼可能贏得過大自然～爸爸，你說對吧？

73

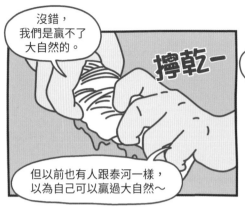

沒錯，我們是贏不了大自然的。

撐乾一

但以前也有人跟泰河一樣，以為自己可以贏過大自然～

也有人跟他一樣天真嗎？

是啊！因為人類對大自然的想法一直在改變！

在400萬年前南方古猿出現的時代，人類既害怕大自然，卻又想征服大自然。
當時的人類對大自然一無所知，認為大自然擁有不容冒犯的神聖力量。
尤其是在經過洪水、火山爆發和海嘯等天災後，更是把大自然奉為「神」一樣敬重。

然而，隨著時間推移和農業革命興起，人類對大自然的態度開始慢慢改變。
為了擋風禦寒，人們砍伐樹木建造房子，並且獵殺動物和開墾農地，
有了改變大自然的能力。

中世紀以後，隨著農業技術發達，自然環境遭到破壞的範圍逐漸擴大，

發明犁之後，可以耕種更多的土地了！

在近代工業革命後，人們甚至認為大自然是幫助人類獲得幸福的一種工具。

人們把大自然當作利用的對象任意對待，
結果導致氣候變遷和環境汙染等問題發生。

也因為這樣，大自然再度被視為「可怕」的存在，
但同時也被視為保護對象。

由於嚴重的環境破壞，導致人類生存受到威脅，人們的反思聲浪也開始興起。

環境會變得這麼糟糕，不都是我們害的嗎？

就是說啊……解鈴還須繫鈴人……

不能再破壞環境，必須好好保護大自然才行！

還給大自然自由！

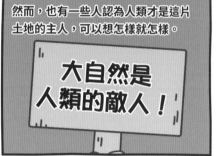

然而，也有一些人認為人類才是這片土地的主人，可以想怎樣就怎樣。

大自然是人類的敵人！

於是，人們分成對立兩派，一派支持工業化，另一派主張保護環境。

崇尚「人類中心主義」的人們，認為人類是地球上最偉大的存在。人類以外的所有自然生物，都是為了人類而存在的一種手段或工具。

另一方面，主張「生態中心主義」的人們，認為人類只是大自然中的一部分，比起人類的利益，應該更重視整體自然的平衡和維持生態穩定。

人類是地球之王！可以隨心所欲對待大自然！

與大自然共生才是最重要的！

在這些生態中心主義者當中，有一位相當知名的人物。

到底是誰啊？

太快公布答案就不好玩了～

好想知道啊……

爸爸給你們一個提示！

鏘鏘！

這不是地球儀嗎？這算什麼提示啊？

沒錯～你們仔細觀察看看！

嗯……怎麼看都看不出個所以然來……

專注～

某天，印地安原住民酋長西雅圖收到了一封信，是美國第14任總統富蘭克林‧皮爾斯
寄給他的信。信上提出了一個提案，希望西雅圖帶著印地安原住民搬到另一片土地，
並將他們手上持有的土地賣給將從歐洲移民進美國的人。

西雅圖看完信後，立即前往總統所在的地方。接著，在眾人面前，以堅定的口吻
發表了一場演說。從內容可以看出來，無論受到任何權力迫害，都無法削減他對大自然的熱愛。
對此深受感動的美國總統皮爾斯，決定將這座城市命名為「西雅圖」，
西雅圖也成為今日美國西北部最大的城市。

於是，現代社會為了人類發展與保護環境，陷入了拉鋸戰。無法強迫人類為了保護環境做出犧牲和帶來不便，但也不能為了讓人類生活便利，就恣意破壞大自然。不過，可以確定的是，人類和大自然會互相影響，必須要找到彼此間的平衡才行。

是啊～保護環境的議題對身為大人的爸爸我來說，都覺得既困難又複雜。

但是！身為地球的一分子，這是我們每個人都必須思考的問題～

指！

為什麼？

因為地球好好的，我們也才會好好的呀！

人類只顧著追求生活便利，恣意開發資源，世界各地也都開始出現警告聲浪。

人類丟棄的垃圾導致大自然生態系遭到破壞，長久以來居住在這片土地上的生物
生存空間受到威脅，許多動物面臨絕種危機。也因為這樣，近年來環保意識逐漸抬頭。

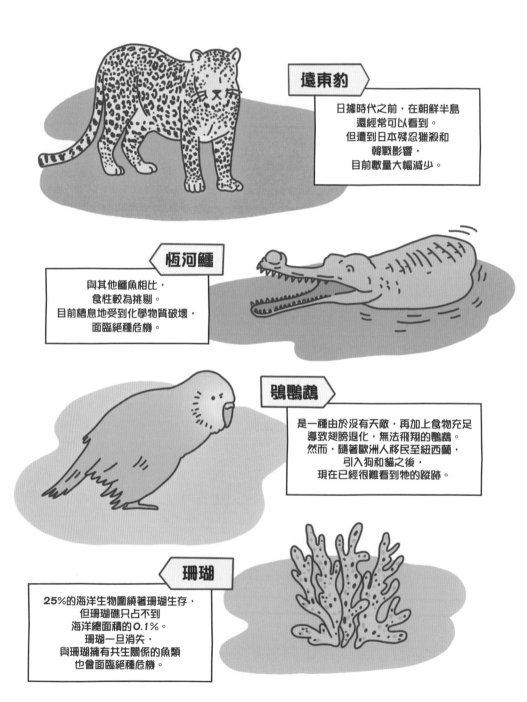

遠東豹

日據時代之前，在朝鮮半島
還經常可以看到。
但遭到日本殘忍獵殺和
韓戰影響，
目前數量大幅減少。

恆河鱷

與其他鱷魚相比，
食性較為挑剔。
目前棲息地受到化學物質破壞，
面臨絕種危機。

鴞鸚鵡

是一種由於沒有天敵，再加上食物充足
導致翅膀退化，無法飛翔的鸚鵡。
然而，隨著歐洲人移民至紐西蘭，
引入狗和貓之後，
現在已經很難看到牠的蹤跡。

珊瑚

25%的海洋生物圍繞著珊瑚生存，
但珊瑚礁只占不到
海洋總面積的0.1%。
珊瑚一旦消失，
與珊瑚擁有共生關係的魚類
也會面臨絕種危機。

黑犀牛

在1970年至1992年期間，
盜獵犀牛角問題層出不窮，
導致96%的黑犀牛因此消失。
失去父母保護的幼犀，
很容易遭到天敵攻擊，
使得數量愈來愈稀少。

北太平洋露脊鯨

自1935年起就禁止
獵捕北太平洋露脊鯨，
但1950年代由於蘇聯的非法捕鯨業，
導致多達4萬頭鯨魚死亡，
面臨嚴重絕種危機。

越南金絲猴

居住在越南北部，
起初大家一度以為已經完全絕種，
但1990年又發現部分金絲猴的蹤跡，
目前被列為保育類動物。

南瓜蜂

如果沒有南瓜蜂幫忙授粉，
植物就無法繁殖，以植物為食的動物，
也會受到嚴重影響。據說，
假如包含南瓜蜂在內的所有蜜蜂絕種，
人類也可能會在4年內滅亡！

那麼，我們為什麼要保護環境呢？首先，因為我們人類與動植物長期共存，
直至今日仍維持著十分緊密的關係。植物是為人類提供食物的生產者，
同時也提供生存所需的氧氣。因此，如果因為土壤汙染和空氣汙染導致植物無法生長，
以植物為食的動物們也會面臨生存威脅。

人類恣意妄為的開發，也是造成動物生存空間縮小的原因之一。
再加上，動物們喝了被人類垃圾汙染的水源或誤食塑膠、塑膠袋，也可能導致死亡。
如果動物們的棲息空間消失，人類最終也會難以存活下去。
因為整片土地會變得只剩雜草叢生，優質的蛋白質來源也不見了。

第二，因為極端氣候變遷引起的災難愈來愈嚴重。

世界各地飽受洪水、乾旱、熱浪、病蟲害和雪災等自然災害所苦。

短短20年以來，天災次數增加了將近2倍，死亡人數更高達123萬人。

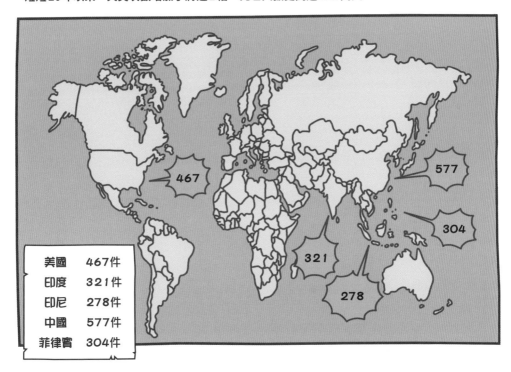

美國	467件
印度	321件
印尼	278件
中國	577件
菲律賓	304件

其中，最嚴重的自然災害就是熱浪。全世界遭受前所未有的熱浪襲擊，恐懼持續擴散。

除了美國、加拿大等北美地區之外，在俄羅斯、印度和伊拉克等國家，

因熱浪襲擊而死亡的人數也不斷增加。由於全球暖化，高速氣流跟著減弱，

熱空氣像圓頂一樣覆蓋地面導致柏油路太熱而融化，甚至造成山崩和暴雨等間接性災害發生。

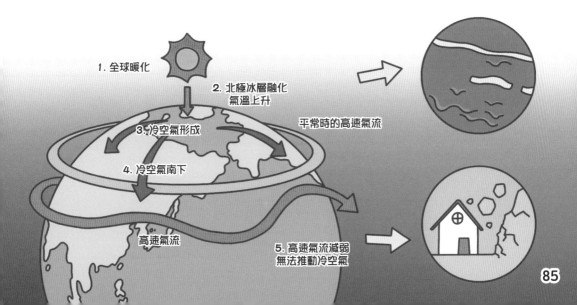

森林大火正是熱浪造成的間接性災害之一。
一旦發生森林大火，不只是一夕之間燒光樹木，還會產生大量的二氧化碳，加速全球暖化。
這可能會讓土地慢慢變成沙漠，導致沙漠化的現象發生。

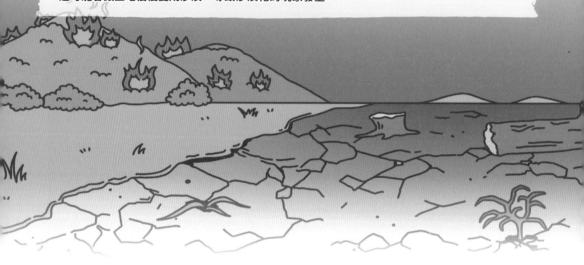

第三，因為冰河融化的速度愈來愈快。從1994年至2017年為止，這24年來融化的冰量高達
28兆噸，每年冰河融化的速度就提高了7倍，且年年持續在加速融化中。
冰河融化後，會出現許多問題。其中最大的問題是，長久以來蟄伏在冰河內的古代病毒
可能會因此復活。

以實際發生過的事件為例，

2016年北極冰河融化時，曾經發現一具屍體，
是75年前死於炭疽病的馴鹿屍體。

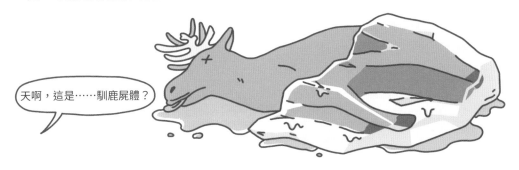

但不久之後，第一個發現馴鹿的男孩就過世了。接著，有20個人感染炭疽病，
2000頭馴鹿成群死亡。隨著冰川融化，原本沉睡在馴鹿屍體裡的病毒被喚醒，
擴散到空氣中感染新的宿主，也就是那名男孩和身邊的人，病毒又再傳染給馴鹿。

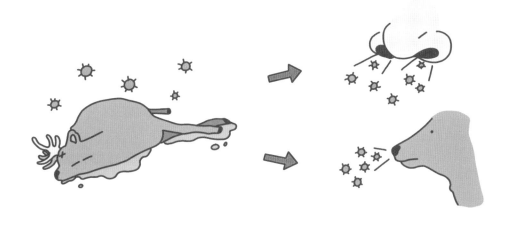

如此可知，冰河中有著被冰封數萬年的古代病毒。不僅無法預測這些病毒會引發何種疾病，
還可能因為氣候變遷導致病毒變異，必須更加謹慎小心。

你知道嗎？海平面每上升1公分，就有600萬人會失去家園，
因為全世界超過60%的人口居住在沿海一帶。隨著冰河融化導致海平面上升，
無家可歸的難民愈來愈多，各種衝突和紛爭也會愈演愈烈。

再加上，冰河會反射90%的太陽熱能，藉此調節地球的溫度。
一旦冰河融化造成海水變黑吸收太陽熱能，就會導致全球暖化持續加速。

自然環境影響人類生活最經典的例子，就是韓屋的大廳設計。韓屋的大廳，是考量到夏季炎熱潮濕的氣候設計而成的。木地板的架高式設計，和地面保持距離維持溫度和濕度，地板下的冷空氣透過木頭縫隙處流入，讓炎熱的夏天也能保持涼爽。

89

相反的，人類影響環境的例子，就是開發土地，例如填海造地。
位於韓國仁川的仁川機場，就是透過填平島與島之間的海域建造而成的。

而錦江水壩，則是為了阻擋海水進入
和調節河川水量而興建，

雖然擔心流速變慢，可能會造成
環境汙染或河川生物消失，

苦惱..

嗯……水沒有流動
很快就會臭掉……

幸好，攔水成湖後，形成了適合綠頭鴨等候鳥過冬的良好環境。
每年數以萬計的珍稀候鳥飛來過冬，蔚為奇觀，
成為許多旅客爭相造訪的生態旅遊景點。

地球不是只屬於人類，是所有植物和動物共同生存的環境，
也必須留給後代子孫。

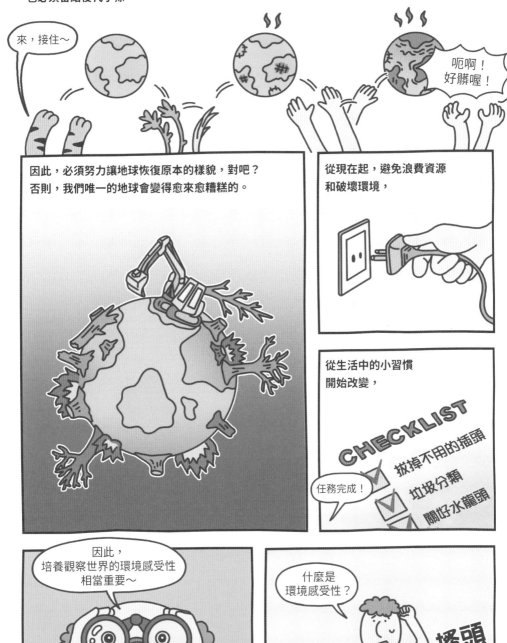

所謂的環境感受性，是指透過觀察和體驗周遭環境及大自然而生成的、對環境友好的態度。
從更正面的意義來看，是對大自然產生同理心。如果從小就能接觸大自然，
自然而然就會去關心周遭環境，成為懂得愛護環境的盡責公民。

93。

世界各地的現況！

<燃燒的亞馬遜>

亞馬遜是座橫跨巴西、祕魯、玻利維亞和哥倫比亞等9個中南美國家的雨林。占地700萬平方公里，將全球25%的二氧化碳轉化為氧氣，被稱為「地球之肺」。

然而，亞馬遜森林最近持續發生火災。主要原因是為了養牛開墾土地，而刻意縱火燒毀樹木所導致的。燃燒面積相當於首爾的15倍大，火勢嚴重到連外太空的衛星圖片都看得見。美國國家航空暨太空總署（NASA）也發出聲明，一氧化碳濃度正從100ppm（總體積十億分之一的單位）逐漸增加至160ppm。

<懸浮微粒和紅河現象>

中國每年投入高達人民幣一兆元的預算，實現快速經濟成長。也因為這樣，中國正面臨過度都市化帶來的副作用。

像是海水裡長滿了綠藻，河流也因為鄰近工廠排放廢水而被染紅。

韓國的懸浮微粒與沙塵暴問題，也大大受到中國的影響。由於中國政府著重於經濟成長和產業發展而不注重環保，導致空氣汙染、水質汙染、沙塵暴和沙漠化問題愈演愈烈，據說每年有將近100萬人因環境汙染而死。

<沉入海底的島嶼>

由於全球暖化導致海平面上升，位於太平洋的許多國家正面臨危機。其中，又以低海拔的吉里巴斯的情況最為危險。

事實上吉里巴斯已有2座無人島在1999年因海平面上升沉沒。

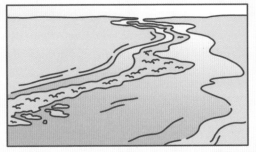

最快在2050年左右，整個國家很可能就會被海水淹沒。根據2020年8月的新聞報導，為了因應海平面上升問題，吉里巴斯目前正在想辦法墊高國土避免沉入海底。

<失去家園的人們>

吐瓦魯是深受氣候變遷影響的國家之一，它原本是位於南太平洋的島嶼國家，屬於熱帶海洋性氣候。擁有健康的珊瑚礁、溫暖的氣候和涼爽的季風，是一個風景優美的地方。

然而，由於海平面上升，整座島嶼被海水淹沒。失去家園的居民們無處可去，只能待在淹水的村莊，過著顛沛流離的生活。

<正在擴張的沙漠>

位於蒙古的戈壁沙漠，每年面積擴張3370平方公里，是首爾的5倍大。尤其，蒙古羊絨原料產量占全球90%以上，對畜牧業影響尤為顯著。

受到極端氣候變遷影響，牲畜成群死亡，可以耕種和放牧的地方愈來愈少。由於糧食和水供給有限，以此維生的居民們，變成了氣候難民。

終於拿到日記本了！
要寫什麼好呢～？

哇啊啊啊！
太開心了！

啊！對了，先在
行事曆上寫下我的生日!!
3月5日……

咦？這是什麼？
國際環境保護月……？

籔

籔

雖然聽過家庭月，
但國際環境保護月卻是第一次聽到……
是今年新創立的嗎？

?

怎麼一個人在
自言自語？

嘟囔

嘟囔

啊，媽媽！我剛買了
一本新的日記本，
但上面卻寫著這個。

喔～你是說
國際環境保護月嗎？

3月本來就有很多
跟環境有關的節日，
所以才稱為
國際環境保護月！

指！

3月🌱

SUN	MON	TUE	WED	THU	FRI	SAT
			1	2	3 世界野生動植物日	4
5	6	7	8	9	10 太陽感恩日	11
12	13	14 國際河流行動日	15	16	17	18
19	20 世界麻雀日	21 世界森林日	22 世界水資源日	23	24	25

什麼！竟然拋下我！也講給我聽嘛！

好好好，不要跑慢慢走！

呼呼忙忙！

嗯，公開主張科技造成環境汙染危害的……

放哪去了呢？啊！找到了！

就是這本書！

書嗎？

瑞秋·卡森

是一名生物學家，也是一名作家，著有《寂靜的春天》。

這本書揭露了人們為了生活便利，開發並使用農藥和殺蟲劑，對野生動物和人類造成破壞性影響，令人深受衝擊。

縱容人類做出破壞生態界行為的我們，還有資格主張自己的權利嗎？人類對美麗的地球，究竟做了些什麼？

在那之後，包括美國在內，全世界的人開始意識到環境問題，成為大家密切關注的議題。

「永續發展」的概念，也是在這時候首次被提出。所謂的永續發展，
是指在替未來世代著想的前提下，滿足現代需求的發展。
也就是說，透過發展經濟帶動成長的同時，也要做好環境保護，讓未來世代可以持續發展。

到目前為止，對經濟成長的重視程度依舊大過於環境保護。
然而一旦環境遭受汙染，就無法繼續發展經濟。因此發展時必須考量到生態系的負荷能力。
順應全球趨勢，韓國也開始將「低碳綠色成長」視為國家願景。

所謂的綠色成長，同樣也是透過節約能源和資源以減少對環境的破壞，對抗氣候變遷，
在發展經濟和保護環境中取得平衡。因此，低碳綠色成長可以視為是永續發展的延伸。
透過發展新的綠色科技，不僅可以解決當前的經濟危機，同時還可以創造新的就業機會。

99

跨國企業蘋果公司宣布100%回收智慧型手機零件再利用，
韓國企業LG電子也同樣參與了由美國環境保護署（EPA）推動的電子廢棄物回收活動。
因為如果沒有妥善處理電子廢棄物，可能會排放出有毒的化學物質。
電子廢棄物回收再利用，不僅可以減少消耗製造產品時所需的化學元素，
也可以防止電子廢棄物中的汙染物質破壞食物鏈平衡。

服飾品牌H&M也推出舊衣回收活動，因為光是每年被丟棄的衣物就高達330億件。
非洲迦納首都阿克拉每週進口的二手衣物數量，就有將近1500萬件，
難以處理的舊衣堆積如山。

因此，「有意識時尚」的新概念
應運而生。

意思就是
注重永續的時尚！

除了使用環保材料進行研發設計，

回到原始生活，
才是真正的環保！

包括將廢棄木材、廢布和塑膠等材料重新加工後再進行設計。

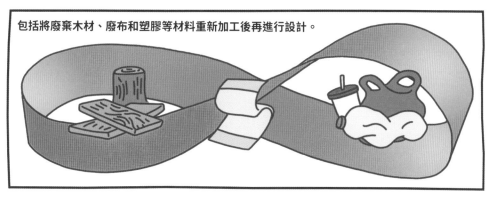

以韓國為例，光是一天丟棄的衣物廢棄物
就高達40噸。

為了減少廢棄物量，
企業決定回收舊衣再利用。

用回收的牛仔褲製作運動鞋，
或是用咖啡麻布袋做成包包。

其中一家知名運動品牌和海洋環保團體合作，推出升級再造產品。
利用海洋環保團體進行海洋清理活動時收集到的塑膠廢棄物，製作成機能服飾和球鞋。
此外，某間服飾品牌還推出從橘子和鳳梨葉中提取出的纖維製作而成的天然皮革，
以及利用釀造紅酒時剩下的葡萄果皮殘渣製成的皮革製品。

運用這種環保工藝製作成衣物，不僅可以節省資源，還可以減少水資源浪費。
因為製衣過程中的耗水量相當龐大，光是製作一條牛仔褲，
耗水量相當於一家4口6天的用水量。

除了衣服以外，鞋子、包包和室內裝飾品等物品，也都可以藉由回收賦予新生命。

除了企業開始關注環保議題之外，消費者之間也出現「綠色消費」的新趨勢。

所謂的綠色消費，是指從購買商品到實際使用，整個消費過程盡可能做到節能減碳。

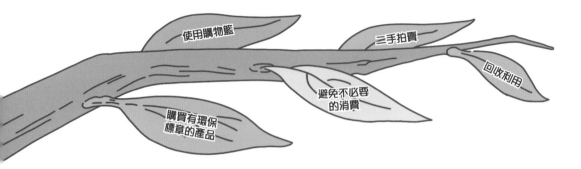

使用購物籃

三手拍賣

回收利用

避免不必要
的消費

購買有環保
標章的產品

使用可重複利用的馬克杯取代拋棄式紙杯的永續消費，
或是拒買壓榨低開發國家勞力製造產品的道德消費，都稱為「綠色消費」。

紙杯OUT！

拒絕
免洗產品！

永續消費

道德消費

國家之間的公平貿易，也屬於綠色消費的
一種。

提供生產者有利的貿易條件進行公平貿易
之所以也屬於綠色消費，

我們會把品質好的商品
價格賣稍微高一點～

是因為不公平貿易的現象愈來愈頻繁。

品質還可以的商品，
就降價賣出！

喧鬧

喧鬧

去超市隨手可得的甜滋滋的巧克力，背後其實也藏著不為人知的心酸血淚。
巧克力的主要原料為可可，主要產地是迦納、奈及利亞等非洲地區國家。
在這些地方從事摘取可可豆工作的大多是兒童，他們一天辛苦工作將近 14 ～ 15 個小時，
卻賺不到新台幣 60 元。

從事這些工作的孩子們，在既髒亂又危險的環境中摘取可可豆，
但大多數的人這輩子從來沒吃過巧克力。除了巧克力外，咖啡、甘蔗和天然橡膠等經濟作物，
也都是已開發國家的資本和技術，以及當地居民廉價勞力下的產物。
這類型的種植園農業，通常無法保障生產者的權益。無論再怎麼努力工作，都很難擺脫貧窮。

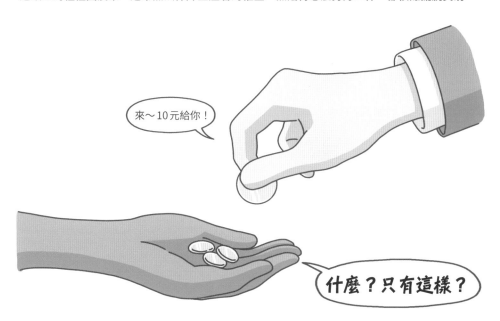

除了牽涉到剝削童工的人權問題，為了擴大開墾農田而破壞森林，
導致生物多樣性減少的問題也不容忽視。

因此，購買公平貿易的產品相當重要。
唯有如此，我們才能實現永續發展，保護環境避免破壞森林。

哼！媽媽都偏心姐姐……
我只是想問環保觀念
是從什麼時候開始的而已！

媽媽哪有
都只偏心姐姐～
我們泰河想知道
媽媽這就解釋給你聽！

除了各大企業，國際間也為了環保做出許多努力，確切時間點是從距今約60年前
首次制定「地球日」後開始的。地球日最早源自1969年，起因是在美國加州聖塔芭芭拉海域
發生的嚴重漏油意外。當時為了開採原油使用炸藥，導致將近1580公升的石油外洩，
鄰近海域的海水都變成了黑色。目擊這起事故的美國參議員尼爾森和哈佛大學生海耶斯
召集人民舉辦了大型集會，並開始討論環境問題。
由於人類對環境的破壞，大自然正走向毀滅，企業必須承擔起社會責任。

因此，從1970年開始，每年4月22日
就成了「世界地球日」。直到現在，
世界地球日仍是別具意義的日子，
讓人們了解地球的珍貴並落實環保。

SUN	MON	TUE	WED	THU	FRI	SAT
						1
2	3	4	5	6	7	8
9	10	11	12	13	14	15
16	17	18	19	20	21	22
23	24	25	26	27	28	29
30						

隨著世界地球日的成立，自1971年起，開始出現各式各樣的環保團體，像是環保NGO、民間環保團體等。他們的角色是監督汙染環境的行為，並宣導民眾應該做哪些事情來保護環境。

尤其是綠色和平組織，他們致力於為地球發聲，

包括守護亞馬遜雨林、防止捕獵南極鯨魚、對抗危險汙染物等。

| 樹木星球 | 世界自然基金會 | 綠色和平組織 |

「樹木星球」（Tree Planet）是韓國知名社會企業。

自2015年在巴黎制定《巴黎協定》後，全世界也開始愈來愈重視對碳排放量的管控。協議中主張由於全球溫度快速上升，地球溫度上升幅度應限制在1.5度。這是因為相較於升溫幅度超過2度以上時，生物多樣性、健康、生計、糧食安全及經濟成長等各方面的風險都明顯降低。

根據協議，2030年全球的碳排放必須減少45%以上，2050年達到淨零碳排。

所謂的淨零碳排，指的就是盡可能減少溫室氣體排放，並讓森林吸收或清除多餘的溫室氣體，讓實際的碳放量趨近於0。為此，瑞典、芬蘭、荷蘭等北歐國家已經立法徵收「碳稅」，針對排放二氧化碳的各種化石能源使用量進行課稅。

咦？難道美國非得徵收碳稅不可嗎？又沒有強制規定！

指！

雖然沒有強制規定～但是！

美國的二氧化碳排放量占全球的20%！因此……

如果要達到淨零碳排，美國也必須加入才行！

就是說啊～！

嘿嘿嘿

嘿嘿嘿

那麼，只要達到淨零碳排問題就可以解決了嗎？

不～並不會！還有2個重大課題！

2個嗎？

先從第一個……

鏘鏘！

糧食問題說起！

哇～一定很好吃！

糧食問題？有聽過廚餘垃圾問題，但糧食問題還是頭一次聽說……

有看過科幻電影或小說吧？有時候會出現人們以昆蟲製作的蛋白質當作主食的畫面，
但這已經不再是遙不可及的未來。由於環境汙染導致氣候變遷，糧食產量和耕地減少，
造成糧食短缺危機。

有先見之明的科學家們，正持續研究未來糧食。最具代表性的未來糧食，就是「培植肉」。
培植肉是指從我們經常吃的牛肉、豬肉和雞肉身上提取出動物細胞製作而成的肉，
實際上吃起來的口感和味道，幾乎跟真正的肉一模一樣，因此備受矚目。
不僅不必擔心虐待動物，還可以減少飼養大量牲畜所產生的溫室氣體排放量。

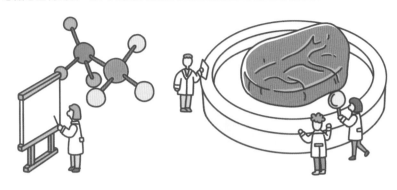

其他像是利用食用昆蟲取代蛋白質，

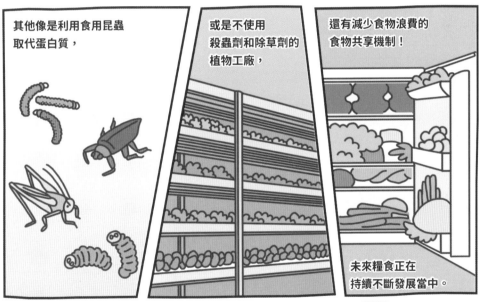

或是不使用殺蟲劑和除草劑的植物工廠，

還有減少食物浪費的食物共享機制！

未來糧食正在持續不斷發展當中。

此外，
新及再生能源
也一直不斷蓬勃發展，
就像你們一樣！

新及再生能源？

嗯～
指的就是運用技術
創造出新的能源資源，
取代原本的化石燃料！

人們最早創造出來的替代能源是核能，也被稱為原子能源，
使用少量的鈾就能產生大量電力。然而，製造核能的過程中會釋放輻射，
輻射會損害人體細胞，導致白血球減少，甚至引發癌症。
其中最大的問題是，製造核能後產生的「核廢料」也含有輻射。

隨著我們使用的能源量增加，核廢料數量也會跟著增加。
但因為找不到可以安全存放核廢料的方法，最後導致輻射外洩風險擴大，
甚至出現非法排放核廢料事件，造成海洋汙染發生。

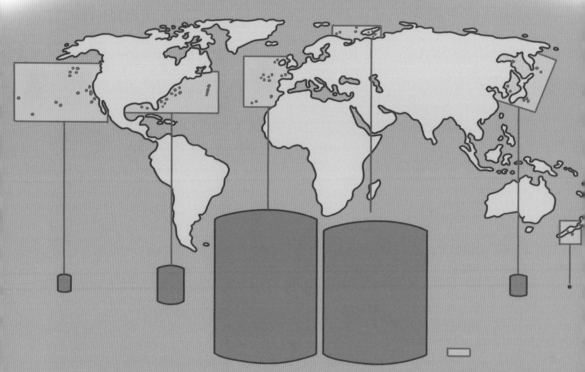

因此，人們開始致力於研發更安全的能源。經過各種考量後，衍生出來的新概念就是
「新及再生能源」。所謂新及再生能源，就是結合新能源和再生能源所產生出來的概念，
新能源包括氫能，再生能源包括太陽能、風能、水力發電。

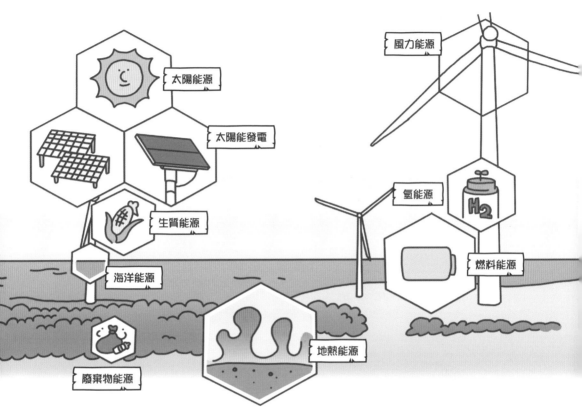

新及再生能源相對環保，能夠產生穩定能源。但缺點是開發和安裝成本高昂且效率不高。
然而，保護大自然是勢在必行，因此大家必須同心協力，
致力於開發新及再生能源。

世界各國依經濟發展程度，可分為已開發國家、開發中國家和最低度開發國家。
其中，已開發國家是指政治、經濟、社會、文化等方面比其他國家更先進的國家，
代表性國家包括美國、英國、西班牙、丹麥等。

時隔57年，韓國也終於擺脫開發中國家的地位，躋身已開發國家行列。而開發中國家是指技術
或知識體系尚未充分發展，在工業現代化和經濟發展方面相對落後的國家。
除了索馬利亞、烏干達、尼泊爾和海地等最低度開發國家之外，大多數國家都屬於這一類。

在人們意識到經濟發展導致環境汙染日益嚴重後，已開發國家和開發中國家開始互相計較
誰應該負起這個責任。已開發國家主張所有國家都必須減少環境汙染，除了負擔費用之外，
還必須遵守一定程度的貿易規範來保護環境。然而，開發中國家則抱持不同的立場，
為了解決眼前的生存問題，只能先優先發展經濟。再加上他們認為目前地球環境的汙染問題，
是過去已開發國家在推動工業化的過程中造成的，因此已開發國家應該要負擔更多費用才對。
於是，在不同利害關係的影響下，導致地球環境遭到破壞的速度愈來愈快。

預見2050年的地球

這是生活在2050年國小三年級學生——金環境小朋友的日記。
透過他的日記，想像一下地球未來的樣子吧！

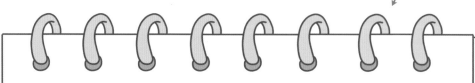

2050年 0月0日 星期三 ☀ ⛅ ☁ 🌧 🌦

題目：連續下了60天的雨

超過50億的人口缺乏充足的水資源，不能想喝水就喝水，也沒辦法洗澡。乾旱已經持續好長一段時間，本來還祈求上天至少能下一場大雷雨也好，結果從2個月前開始，每天都在下雨下個不停。

江河的溪水瞬間暴漲，家裡的東西也全部都被沖走，受害人數也急遽增加。越南、泰國和印度等東南亞地區，因海平面上升而被淹沒，導致8600萬人被迫遷徙。

另一方面，隨著撒哈拉沙漠和北非地區的沙漠化加劇，造成農業巨大損失。突尼西亞東北部、阿爾及利亞西北部、摩洛哥中部和阿特拉斯山脈等地區深受缺水所苦，總人口的9%——將近1900萬人移居別處。

受到洪災和旱災影響被迫離鄉背井的人，被稱為「氣候難民」。糧食作物產量減少約30%，由於嚴重乾旱，10年前起就有32%的農地遭到破壞，35%的小麥和水稻因高溫燒壞。

人口急遽增加，糧食卻比以前更少，這就是名副其實的糧食危機。除了蜂蜜和咖啡之外，蘋果、馬鈴薯、辣椒、豆類等重要作物也已經消失很久了。

我們還能再撐多久？真希望雨能快點停！

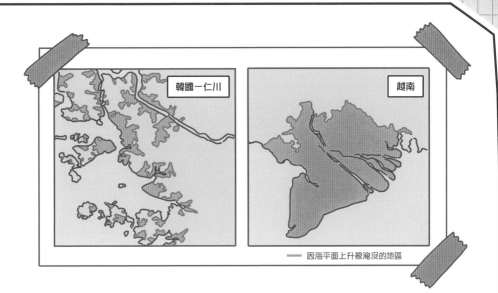

因海平面上升被淹沒的地區

根據研究顯示，到2050年為止，全球因為海平面上升造成的氣候難民人數將達到1.5億左右。除了吉里巴斯、印尼首都雅加達和馬爾地夫等島國之外，越南、泰國、中國上海以及印度孟買等地區，都很有可能會沉入海底。韓國的仁川、金海、群山和泰安等許多地區，也可能會被淹沒在海平面以下。

此外，全球暖化預計還會造成無數損失。尤其是到了2050年左右，當地球溫度上升2度以上時，飽受飢餓所苦的人會比現在更多，超過15億人口將面臨水資源短缺問題。充滿危機的2050年，一起來看看世界各地可能會遭遇哪些危險吧！

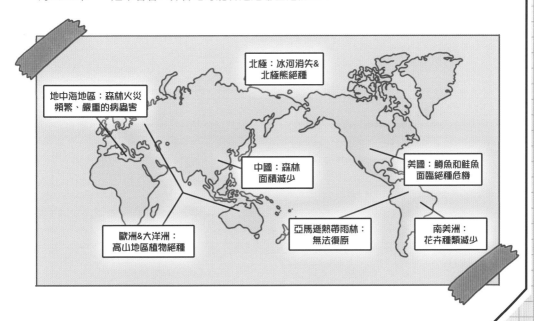

這個嘛……

答案就是～

格蕾塔‧童貝里！

哇啊啊啊一

格蕾塔‧童貝里……
答對了！

哇！答對了～早知道
我們也去參加
機智問答節目了～

就是說啊～搞不好
還可以拿到獎金呢？

手舞

足蹈

是啊～她是相當知名的
青年環保運動家！

點頭

嗯……格蕾塔‧童貝里
到底是誰？

她是很有名的人嗎？

如果關注環境議題，
一定要知道這個人！

格蕾塔・童貝里

她就是格蕾塔・童貝里。從她還是10幾歲的少女時，
就已經是環保運動史上的傳奇人物。

當格蕾塔8歲左右時，看完老師在課堂上播放與海洋汙染有關的電影後，受到很大的衝擊。
影片中，太平洋海面上漂著滿滿的垃圾，多到幾乎都可以堆成一座島。
等格蕾塔自己開始研讀氣候變遷後，她甚至陷入憂鬱症。
因為面對如此嚴峻的狀況，她卻束手無策，令她感到相當無奈。

某天，在格蕾塔居住的瑞典，發生了26年來第一次的熱浪和暴雨。
超乎想像的高溫造成森林大火，而眼睜睜看著這一切的格蕾塔決定挺身而出。
於是，她一個人跑到斯德哥爾摩國會大廈前抗議。她認為，所有的天災都是因為環境汙染造成
氣候變遷所引起的。年僅15歲的她，為了減少溫室氣體排放站上街頭舉牌抗議，標語牌上寫著
「為氣候變遷罷課」。

年輕少女為了環保展開單人抗議的消息，
透過社群媒體迅速傳播開來，與她同齡的
學生們看到後，也紛紛開始響應。

最後，在全球270多個城市中，有2萬多
名學生共同參與。格蕾塔的單人示威行動
變成了「未來星期五」全球氣候行動。

STOP!

不能坐以待斃！
我也要加入！

聽說同齡當中
有人為了環保
展開抗議……？

格蕾塔成名後，聯合國邀請她在氣候變遷大會上發表演說。
格蕾塔對那些只重視金錢，卻忽視地球正走向滅亡的大人們提出了警告。

你們口口聲聲
說你們愛小孩，

氣候變遷大會

the Climatic Change Convention

卻對氣候變遷問題
消極以待，這麼做是在
剝奪子女們的未來！

在那之後，格蕾塔在世界各地發表演說，並參與示威行動。
被《時代》雜誌評選為年度人物，連續3年被提名為諾貝爾和平獎候選人。

世界各地有許多兒童和青少年效法格蕾塔，為氣候行動挺身而出。
他們呼籲上一代以積極的態度面對氣候危機，因為毀掉他們未來的人不是別人，
正是這些對環境予取予求的大人們。

步入現代化社會後，人們開始思考如何才能提高糧食產量。因為可以耕種的農地有限，
但糧食的需求量卻增加許多。幾經思考後，最後想到的解決方法就是噴灑農藥，
這麼做是為了趕走偷吃水果和蔬菜的害蟲。

然而，農藥滲入土壤後，會殺死蚯蚓和螞蟻等有益昆蟲。
再加上經過一段時間後，危害農作物的昆蟲會產生抗藥性，數量反而變得愈來愈多。

於是，農夫只好噴灑毒性更強的農藥，最後造成土壤汙染。
當土壤遭受汙染後，不僅農作物會受到影響，就連種植和食用農作物的人類也會深受其害。
這就是為什麼我們必須選擇減少使用或乾脆完全不用農藥和化肥種植出來的有機農產品的原因。
除了農藥殘留量少對身體健康有益之外，也比較新鮮。

再來就是避免購買使用動物毛髮或皮革製成的產品。在冬天時，大家最愛穿的就是羽絨外套！
羽絨外套裡的羽毛究竟是從哪來的呢？正是從生活在大自然中的動物身上取來的，
用鴨、鵝、兔子、羊、浣熊、狐狸和水貂等動物的毛做成羽絨外套。

問題是，在這個過程中，動物們必須承受相當大的痛苦。一旦強行拔掉動物身上的毛，
牠們可能會因為難以承受的疼痛休克而死，或變得難以調節體溫，也可能經常罹患皮膚病。
甚至有些人會為了更快獲取更多的動物毛髮，大量飼養動物。被關在狹窄籠子裡的動物，
除了皮膚受損、骨骼突出之外，還可能因為壓力過大而出現異常行為。

這些動物別說是治療了，就連好好吃一頓飯都有困難。
因為很少有人在乎圈養動物的健康，大家只在乎動物身上的毛，沒人關心動物的健康。

製作衣服或錢包時用的皮革也是一樣。只因為動物皮革的品質比較好，
就硬是從活生生的動物身上把皮剝下來，這是相當殘忍的行為。

這麼做就等於只是為了在冬天穿暖，或是看起來時尚的愚蠢理由，而讓動物們承受痛苦。
當大家知道這件事後，紛紛響應拒絕使用動物毛皮做成的產品。
在世界知名服飾品牌的大力宣傳之下，引起社會大眾更多關注。
愈來愈多人在個人部落格上發表聲明或加入宣導行列，展現對自己的承諾。
因為這樣一來，心態也會跟著改變，就能將想法付諸行動。

是啊！就算不用動物毛皮，也還有很多質地溫暖的原料，不用擔心～！

除了選用友善環境的農產品、不穿動物毛皮製成的衣物……還有其他方法嗎？

筆記

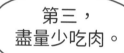

第三，盡量少吃肉。

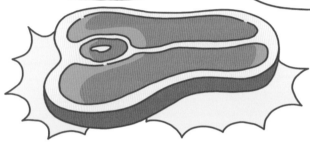

等等！居然叫我不要吃肉……是為了要我多吃蔬菜才會故意這樣說吧？

什麼？才不是呢～

那蔬菜跟保護環境到底有什麼關係？

那是因為！

遮！

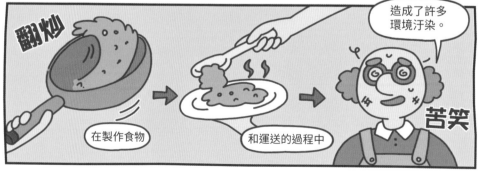

造成了許多環境汙染。

翻炒

在製作食物

和運送的過程中

苦笑

126

隨著現代經濟發展，看起來好像已經解決糧食問題，實際上並非如此。

仍有許多人過著貧困的生活，面臨糧食供給匱乏的問題。這是為什麼呢？

因為把人類要吃的糧食拿去飼養家畜了，光是一頭牛一天至少要吃掉4公斤的穀物。
若換算成4公斤的米，一天可以養活30個人。

等於是為了製作700人份的牛肉，用掉了3600人份的糧食。
那麼，剩下的2900個人會變得怎樣呢？

剩下的人就會面臨
糧食匱乏問題～因為人類要吃的
糧食都被牛吃掉了！

哼！
在那邊裝厲害……

哈哈！珊珊說得
一點都沒錯！

要解決饑荒問題，就必須減少肉食。因為當人類吃愈多肉，
就得用更多糧食飼養牛隻，這樣就會有更多人挨餓。

之前曾經說過，氣候變遷是造成糧食穩定供應最大的威脅，對吧？
因為氣溫上升、降雨量增加和極端天氣影響，導致農作物和牲畜數量減少。
但另一方面，糧食生產對全球暖化的影響也不容小覷，糧食生產占全球溫室氣體總排放的
四分之一，相當於全球汽車、卡車和飛機等溫室氣體的排放量。

26% 74% 其他排放溫室氣體的事物

那麼，這麼多的溫室氣體
都是從哪裡產生的呢？

首先，為了飼養牛隻燒毀森林開墾土地，導致數十億噸的二氧化碳產生。
接著，放任被砍伐的樹木腐爛或放火燒掉，又再次排放出溫室氣體。
其中，牛放的屁製造出最多的溫室氣體，一頭牛排放出的溫室氣體，相當於一台汽車的量。

隨著人口呈指數型成長，人類飲食習慣改以肉食為主，對肉類的需求量大幅增加。

幾乎地球上種植的大部分穀物，都拿來當成牲畜飼料。

韓國平均每年每人的吃肉量對比人口總數，也呈現驚人的數字。

131

酪梨又被稱為「森林中的奶油」，在社群媒體上颳起一陣旋風，成為炙手可熱的水果。
除了獨特的色澤，拍起照來很好看之外，同時也是營養豐富的健康食品。
因此，韓國酪梨進口量從原本的457噸增加至6000噸，短短7年內增長了將近12倍。
然而，酪梨其實是地球的敵人，因為種植酪梨會排放出大量的二氧化碳。
種植一顆酪梨產生的二氧化碳排放量，等於種植1公斤的香蕉。

再加上，由於酪梨屬於熟成後才能食用的晚熟水果，因此放置在家中的熟成期間，
也會繼續排放形成霾害的主要物質——二氧化碳和氮氧化物。
此外，酪梨在古阿茲特克語中的意思是「富含水分」。顧名思義，種植酪梨需要大量的水分。
究竟需要多少水呢？如果要經營一間面積30坪大的酪梨農場，足足需要10萬公升的水。
種植一顆酪梨需要的水量，足以供應一個成年人6個月的飲水量。

所謂碳足跡，是指產品在製造、購買、銷售、運輸和丟棄過程中所產生的溫室氣體，再換算成二氧化碳的排放量。透過查看碳足跡數值，就可以看出每項產品對全球暖化造成的影響。

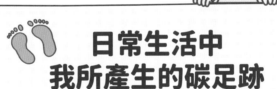

日常生活中
我所產生的碳足跡

使用拋棄式飲料杯	11g	使用筆電10小時	258g
洗澡15分鐘	86g	看電視2小時	129g
吹頭髮5分鐘	43g	冰箱開機24小時	554g
上廁所1次	76g	使用電鍋10小時	752g
使用洗衣機1小時	791g	日光燈開10小時	103g

雖然各種電子產品、拋棄式用品和汽車也會產生碳排放，但食物產生的碳足跡是最多的。
隨著交通工具發達，降低市場拓展阻礙，糧食進出口量也跟著迅速增加。

隨著網路普及，人們很容易就能窺見其他國家的生活樣貌，
基於好奇心理，也會想體驗先進國家的食物和文化。

想把蔬菜、水果、肉類等食材，
從這個國家運送到另一個國家時，

只能利用飛機和大型船隻等
方式運輸。

咻咻咻咻

但因為大部分都是使用化石燃料，距離愈遠，所產生的溫室氣體就愈多。
尤其是以下6種食物，是產生最多碳足跡的食物。

自1961年以來，全球牛肉
產量增加了3倍，
速食店每年賣出
超過500億個漢堡。

製作起司和乳製品每公斤會
排放出30公斤以上的溫室氣體。
製作一盎司（約28克）
需要用掉約3800噸的水量。

許多公司為了種植可可樹和咖啡樹，
開墾專門吸收二氧化碳的熱帶雨林。
每公斤可可都會排放出34公斤、
每公斤咖啡會排放出15公斤的
溫室氣體至大氣中。

蓋一座養殖場需要進行土地變更，
對環境會造成重大影響。
製作一份100克的雞尾酒蝦，
相當於消耗掉90公升的汽油。

棕櫚油不僅可以當成食用油，
也可以拿來製作披薩麵團，
甚至可以當作清潔劑和洗衣精，
為了滿足急遽增加的需求，
沿著赤道的森林有許多樹木被砍伐。

栽種水稻的過程中，
會產生大量甲烷氣體。
當水稻浸泡在水中生長時，
水會隔絕氧氣進入土壤，
因而導致土壤中的微生物產生甲烷。

為了減少碳足跡，重要的是必須降低對進口農產品、畜產品和海鮮的依賴。
盡可能選用國產食材，或是只吃需要的量，避免浪費食物。

有看過學校營養午餐菜單上寫著「零剩食日」嗎？

在這一天盡量避免剩食，這也是減少廚餘的實際做法之一～

乾　淨

此外像是室內維持適溫、使用節能燈泡、降低電視音量、減少冰箱內食物、每週吃素一次、避免衝動購物、使用保溫杯、使用雙面影印等，也都是落實環保的做法！

透過各種方法落實環保愛地球～

有這麼多方法啊？！

咳咳……差點喘不過氣！

氣喘吁吁一

落實這些方法真的能讓地球變乾淨嗎？

懷疑..

呀

哎

呀

因為地球早已經變得滿目瘡痍……光靠一個人的力量是不夠的！

雖然看似微不足道，但落實日常生活中的小小行動，就能拯救地球。

從我們現在可以做到的事情，開始一件一件慢慢做起，就能在某種程度上避免環境遭到破壞。

然而，比起個人行動，更重要的是需要大家一起努力，因為地球剩下的時間不多了。

象徵人類生存危機的環境危機時鐘，也正加速走向午夜。

這就是環境危機時鐘～可以看出來愈接近12點，就表示愈危險！

原來如此～那韓國現在是幾點幾分？

12
11 1
10 2
9   3
8   4
7   5
6

極度危險	安全
中度危險	輕度危險

一起來看看世界各地的環境危機時鐘吧！

西歐
9點55分

東歐
9點12分

北美洲
9點54分

韓國
9點32分

什麼？韓國居然已經來到9點32分了！

西南亞
9點38分

亞洲
9點3分

非洲
10點4分

大洋洲
10點14分

南美洲
10點

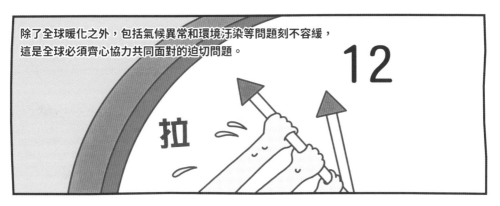

除了全球暖化之外，包括氣候異常和環境汙染等問題刻不容緩，
這是全球必須齊心協力共同面對的迫切問題。

因此，要丟掉「事不關己」的想法。

居住在地球村上的每一個人，
都必須從小事開始改善。

垃圾就該
丟進垃圾桶～

當然，要恢復到像以前那樣
乾淨美麗的樣貌，需要很長
一段時間就是了～

原來如此……
那就從小事開始
做起吧……？

啊啊啊啊！
好可怕啊！

啪！

怎麼了？
發生什麼事？

孩子們，
你們還好嗎？

一片漆黑

爸爸、媽媽！
你們在哪？
伸手不見五指！

環保用語辭典

升級再造（Upcycling）：意思是將原本丟掉的東西重新再利用，創造出新的產品。例如：將回收的舊衣物改造成新的衣服或包包、運用廢棄橫幅廣告做成購物籃、把廚餘變成蚯蚓的食物，再用蚯蚓的排泄物做成肥料等，都可以稱為升級再造。

零浪費（Zero Waste）：所謂零浪費，是指透過回收再利用和重複使用來避免產生廢棄物，藉由生產、消費、重複利用和回收等方式，盡可能節約資源。推行零浪費運動的環保人士為了減少浪費，致力於重新架構一套生產和流通系統。目標是徹底改變產品趨勢，創造出一個零浪費的社會。

淨街慢跑（Plogging）：是一種邊慢跑邊撿垃圾的活動，源自於瑞典，風靡北歐各國。由於可以同時守護自身健康和周遭環境而備受喜愛。韓國國立國語院在 2019 年 11 月，正式將 Plogging 這項活動命名為「淨街慢跑」。因為是一邊撿垃圾一邊慢跑，所以又稱為「拾荒慢跑」。

綠色消費者（Greensumer）：將英文中象徵大自然的「Green」，和消費者的「Consumer」結合在一起的合成詞，意思是購買友善環境產品的消費者，中文稱為「綠色消費者」。基本上，對環境議題展現高度關心，以及願意在日常生活中落實環保的人，都可以稱為綠色消費者。因為在購買食品、衣服和生活用品時，會把產品是否對環境友善視為重要準則。

生物可解塑膠：是一種可以被細菌或其他有機生物分解的塑膠材質。根據環境不同，可以分解成水、二氧化碳、甲烷氣體以及可分解性有機物。種類包括纖維素、甲殼素、PLA 和 PHA 等。此外，陸續也出現以玉米澱粉為材料的環保包裝材質，或是用海藻、蟹殼為原料製作替代塑膠。

國家圖書館出版品預行編目（CIP）資料

世界環境大發現：用漫畫輕鬆了解氣候變遷與環境
汙染，找出全球共生的解方 / Team. StoryG 著；
鄭筱穎譯 . -- 初版 . -- 臺北市：臺灣東販股份
有限公司, 2025.01
140 面；16.8×23 公分
譯自：세계환경 인문학
ISBN 978-626-379-730-7(平裝)

1.CST: 環境保護 2.CST: 環境污染 3.CST: 氣候變遷
4.CST: 漫畫

445.99   113018377

세계환경 인문학

(World Enviromental Humanities)
Copyright © 2023 by Team. StoryG
All rights reserved.
Complex Chinese Copyright © 2025 by TAIWAN TOHAN CO., LTD.
Complex Chinese translation Copyright is arranged with OLD STAIRS
through Eric Yang Agency

世界環境大發現

用漫畫輕鬆了解氣候變遷與環境汙染，找出全球共生的解方

2025 年 1 月 1 日初版第一刷發行

作　　　者　Team. StoryG
譯　　　者　鄭筱穎
特 約 編 輯　邱千容、柯懿庭
發 行 人　若森稔雄
發 行 所　台灣東販股份有限公司
　　　　　　＜地址＞台北市南京東路 4 段 130 號 2F-1
　　　　　　＜電話＞ (02)2577-8878
　　　　　　＜傳真＞ (02)2577-8896
　　　　　　＜網址＞ https://www.tohan.com.tw
郵 撥 帳 號　1405049-4
法 律 顧 問　蕭雄淋律師
總 經 銷　聯合發行股份有限公司
　　　　　　＜電話＞ (02)2917-8022

著作權所有，禁止翻印轉載。
本書如有缺頁或裝訂錯誤，
請寄回更換（海外地區除外）。
Printed in Taiwan